探险奇兵 科学漫画

银河系

（韩）张吉秀 文 （韩）金英九 图
（韩）赵景澈 金正律 尹武富 审核
余未 译

上海科技教育出版社

序言

在我们生活的现代社会中，科学技术日新月异，以令人惊讶的程度快速发展着。现代社会和科学技术保持着密切联系，相互影响，共同发展。但让人吃惊的是，很多孩子——未来社会的主人公——却认为科学深奥难懂，与之保持着距离，且渐行渐远。他们不清楚科学是什么，也不理解如何应用科学。因此，我们面临着一个现实的问题：如何以一种轻松有趣的方法，让孩子们了解科学，培养他们解决学校和生活中常见的科学问题的能力？

“探险奇兵”科学漫画丛书正是为解决这一问题而进行的有益尝试，它借助漫画这一载体，以孩子们喜闻乐见的方式，帮助他们兴致盎然地学习科学。尤其值得一提的是，这套“探险奇兵”科学漫画丛书以学校课本中出现的基本科学概念为重点，涉及的都是孩子们身边可以接触到的科学知识。这套丛书不仅可以培养孩子们正确的科学观，让他们自然而然地产生学习科学的兴趣；而且，它所采用的特殊的漫画表现形式也非常适合孩子们进行自主阅读，养成良好的学习习惯；同时，丛书丰富多彩的内容，也可以激发他们对自然界和科学事件的浓厚的好奇心，培养他们探索科学的精神。

“探险奇兵”科学漫画丛书不但是一套能引导孩子们对科学产生浓厚兴趣的读物，而且对老师而言，在进行科学教学和评估时，它也是一套很有价值的指导性用书。

目录

银河系

蓝色的天空中
白色的轻舟上
一棵月桂树
一只小兔子
夏季凝望乡村的夜空，能看到无数的星星点缀在天幕上。
这些星星就好像漂浮在宇宙大海上的岛屿一样。

这些岛屿叫星系。其中，我们人类生活着的岛屿称为银河系。
在这里，星星们群聚在一起，像一条银河。
能用肉眼观察到的星星大约有5000颗。
存在于银河系中的恒星少说也有1200亿颗。

1610 年，伽利略用自制的望远镜
第一次观测了银河。
哇……
星星太多了，
简直难以计数。

1785 年，天文学家赫歇尔
选定在天球上均匀分布的
680 个区域，并逐一统计每
个选区中的恒星数目，以
及流星和恒星的比例后，

最终得出银河系结构图。
赫歇尔的银河系截面图

1922年，天文学家柯蒂斯指出：通过星星的自行*得出，银河系就像一个直径约为3万光年的圆盘。

这时，天文学家沙普利研究了位于银河系内的球状星团*的分布。

他认为太阳并不位于银河系的中心，银河系的样子就像中间部分凸出的镜头。

* **自行**：从地球上能够看到的，恒星在天球上的位置随着岁月的流逝渐渐改变的现象。

* **球状星团**：圆圆的、密密麻麻地聚集在一起的古老的恒星群体。

银河系的直径约10万光年，太阳位于离银河系中心约2.8万光年的地方。并且，在银河系中心，球状星团聚集在一起，新生星们则群聚在边缘地区。

银河系的俯视图

太阳围绕银河系中心转动一圈，
需要约2.26亿年的时间。
从形成至今约50亿年的太阳已经
围绕银河中心转动了25圈。
我的寿命约100亿年，
现在还剩下25圈了。
但是，银河系对于浩瀚的宇宙而言，
不过是一个恒星集团。宇宙究竟有
多宽广，根本无法预测。

光的速度是每秒30万千米，光在一年内行走的距离叫做1光年。也就是说1年内，光的行走距离约10万亿(10^{13})千米。

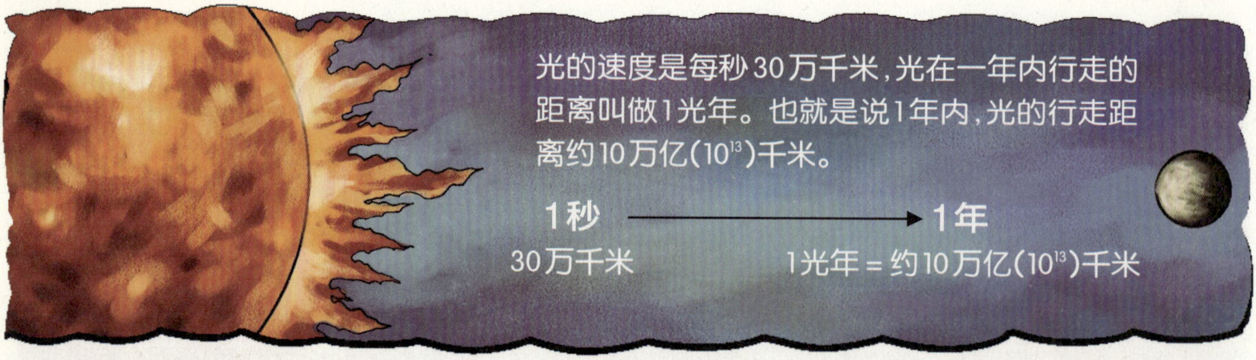

从地球飞到月球，“阿波罗号”宇宙飞船需要花费3天时间。

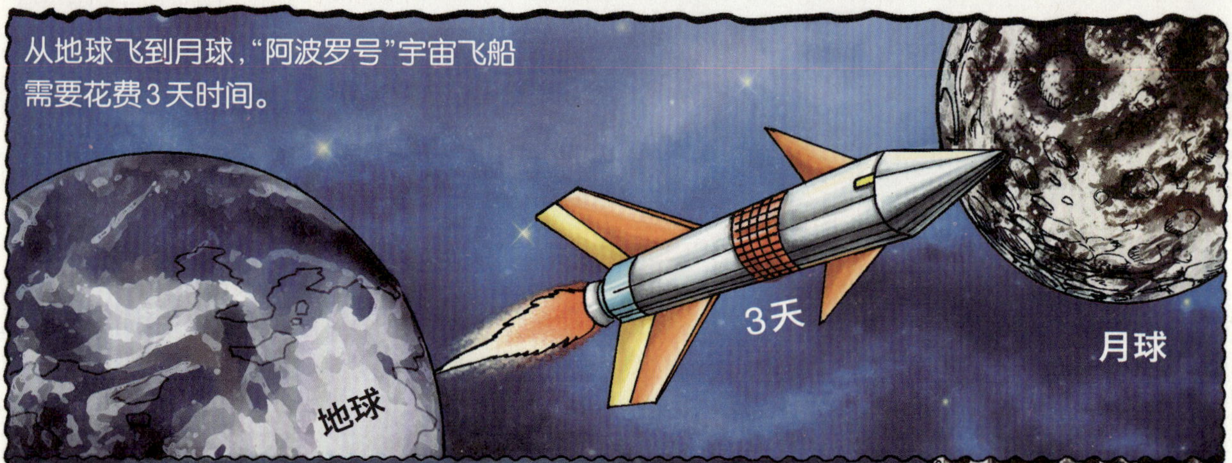

光只要不到1.3秒的时间。

除太阳外，距离地球最近的恒星是半人马座的比邻星，距地球4.22光年。

“闪电号”的诞生

从现在开始，为了对浩瀚的宇宙进行探险，规划一下未来的事吧。在未来的某年某月，美国宇航局和欧洲空间局、俄罗斯航天局等同时申请开发比光还快的宇宙飞船，要对宇宙中的星系一一进行观察。
美国会最先进行开发。
欧洲的科学家们不是吃白食的。
要展示一下俄罗斯的科技水平。
这些国家的科学家们得到了许多研发费。
长时间进行竞争。
欧洲
俄罗斯
美国
最终，美国宇航局最先成功地研发出了比光速还快的宇宙飞船。
我们美国的超光速宇宙飞船终于开发成功了。
USA

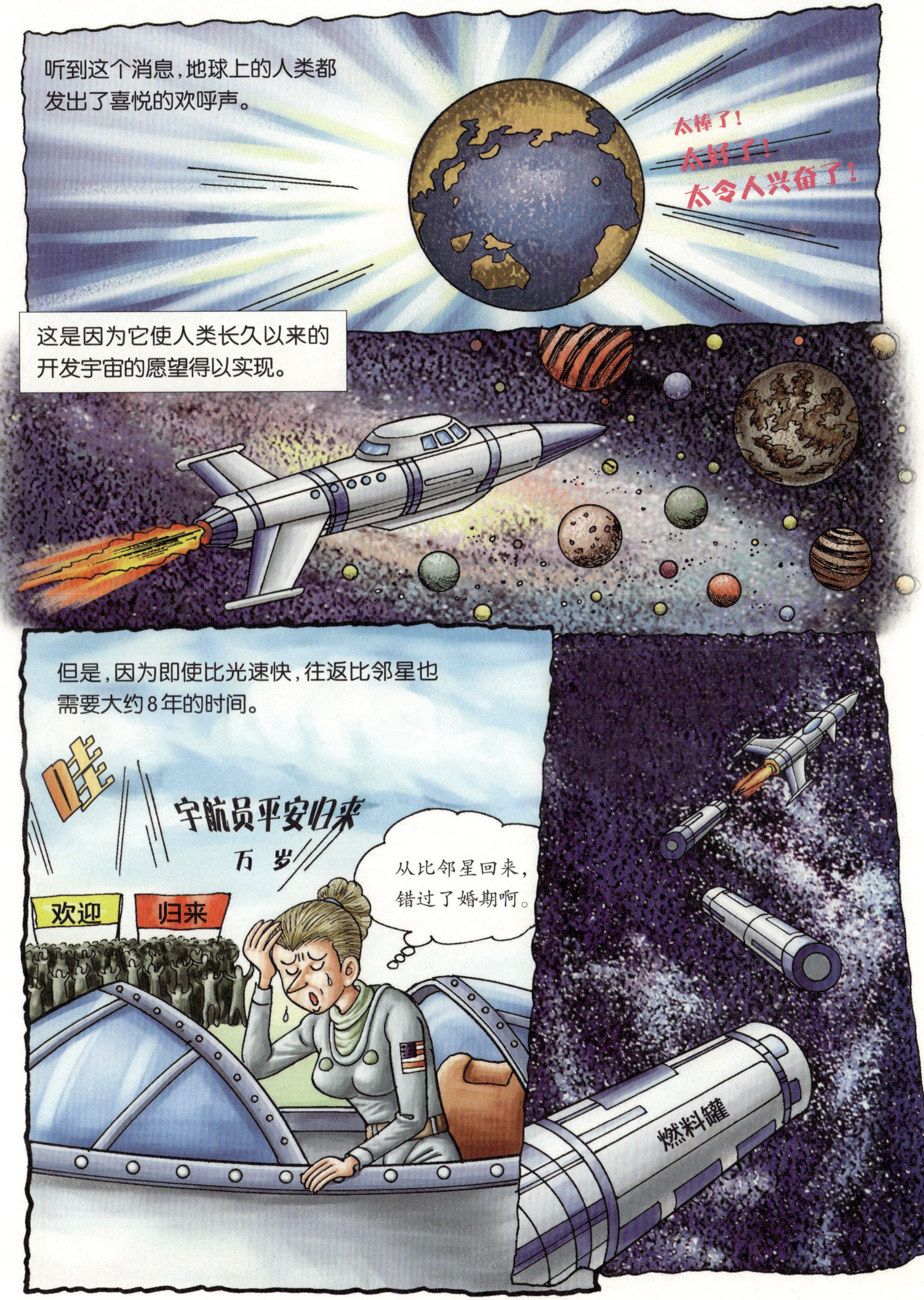
听到这个消息，地球上的人类都发出了喜悦的欢呼声。
太棒了！
太好了！
太令人兴奋了！
这是因为它使人类长久以来的开发宇宙的愿望得以实现。
但是，因为即使比光速快，往返比邻星也需要大约8年的时间。
哇
宇航员平安归来
万岁
欢迎
归来
从比邻星回来，错过了婚期啊。
燃料罐

如果搭载上这期间宇宙飞船需要的大量燃料和宇航员的食物、消耗品等，超光速宇宙飞船将会比“阿波罗号”大3—4倍。
USA
这时，在韩国发生了令人惊讶的事件。
哐
哐
这是韩国的科学家——宇宙王博士。
他开发出了能进行空间移动的宇宙飞船。
现在能够在宇宙中自由地往返了。

这使得美国宇航局开发的超光速宇宙飞船没有用武之地了。
这艘宇宙飞船要卖给古董店吗?
现在就卖,价格会高一点。
嚓
嚓
吵吵
嚷嚷
各位,现在介绍银河系勘探宇宙飞船“闪电号”。
砰
哇
砰砰

还有，这是将和我一起去冒险的“闪电号”的乘务员们。
10岁时就获得工程学博士学位的美国天才少女阿德拉。
我是“闪电号”的飞行员兼副船长——阿德拉。
隶属韩国少年宇宙团的宣宇坦。
我是担任“闪电号”轮机长兼导航员的宣宇坦。
还有猴子机器人梅隆。
我是内置计算机的万能机器人梅隆。

* **原子**：物质在化学反应中再也不可被分割的基本单位。

苹果或者宇宙飞船等固体可以实现分解、重组，人是生命体，也可以吗？
还有，人的身体是由约10^{28}个原子组成……
将人进行分解、重组可能吗？
万一这件事成为了现实，以后会产生什么副作用吗？
正所谓百闻不如一见，现在就请各位一起见证吧！
来，搭乘“闪电号”吧！
嗡嗡

“闪电号”启动了。
空间移动马上就要开始了。
宇宙飞船究竟会不会在我们眼前消失呢？
咻咻咻
啪
哇！真的消失了！
空间移动好像已经结束了。
真是亲眼所见也难以置信啊！
那么，“闪电号”现在已经进入银河系了吗？
哄闹哄闹

哇！只用了0.1秒就从地球跨入了宇宙。
能很清楚地看到银河系的样子吗？在左边，看到的是太阳和太阳系。
宇坦啊，赶紧拍个照传到地球去！
懵
懵
嘀哔
嘀哔
嘀哔
病歪歪
等等……孩子们为什么会这样？

出大事儿了！如果大脑出现异常，这次探险就完蛋了。
啪啦
就算拍打变成傻子的孩子们，探险也不能继续了。
硬邦邦
啊，啊呀！
好疼啊。
太好了！现在看起来是清醒了。
博士，为什么打我们？
哈哈，冲击疗法真的有效果。
嘀哔嘀
嘀哔嘀

因为你是机器人，所以需要比人类更大的冲击力吗？
哐
捣蛋 捣蛋
梅隆 梅隆
博士，重组的过程中出现了什么问题吗？
怎么能用这么大的力气拍打机器人呢？
拍打机器，除了故障还会出现其他结果吗？
你……
你们被打了一次，就清醒了……
梅隆啊，到这儿来。
嘀哔
捣蛋 梅隆
嘀哔
喀哒
嘀哔嘀

咕
咕
你盯着我看想干什么？
显而易见的，机器人不就是因为博士您才变成了一堆废铁吗？
你就这么鄙视把你制造出来的我吗？
啪
呃，呃啊，我的手！
嘿嘿嘿，活该！
哎哟，幸灾乐祸的。

错就错在只有我是姥姥不疼，舅舅不爱的。
哇呜，银河真的太漂亮了，比从地球上看到的壮丽多了。
宇坦啊，你知道银河是怎样形成的吗？
呵呵呵，在阿德拉面前好好展示自己的机会来啦。
星星们群聚在一起就形成了银河。
所以，如果没有星星，银河也就不存在了。
你的话好像是对的，但是……

* **黑洞**：由无数的物质聚集而成，引力超出想象地强大，连光都无法逃脱的宇宙的特定空间。

银河系的中心有黑色的气体聚集在一起，这使我们看不清星星。
银河系

换句话说，银河系是由星星、气体和尘埃组成的团儿。
你的无知真像星星一样，闪瞎人的眼啊。
星星们聚集在一起形成的东西叫什么来着？
呃……
银河……
不是就算了。
那是星团啊，怎么会是银河系呢？
哎哟……
一瞬间就暴露出了我的无知啊！

星星的集团
——星团

球状星团M2

仔细看清楚了！银河系的中心看起来是红色的。
银河系的外侧呈黄色、紫色。
球状星团M13
球状星团由数万颗恒星群聚而成，位于银河系的中心部位，这些星星们大多较古老(形成时间较早)……

相反，位于银河系外围的疏散星团是稀稀拉拉分布着的年轻的星星们的集团。

疏散星团M39

不过，在疏散星团中，比太阳的光芒明亮数倍甚至数千倍的恒星难以计数。

也以每秒20千米的速度朝着银河系中心奔跑。
银河系中已知的球状星团约150个。
宇宙中疏散星团的数量无法计数。
恒星足有1200亿颗……就我的知识而言，我也算活字典了吧！
哼，真可笑！
啊，口渴了，现在由你来说明吧。
什么？机器人会口渴？
我有点好奇的事儿。
那个……随便什么都可以问。我这本活字典都能解答。

银河为什么被叫做银河？
那……那个……我怎么会知道？
为什么不回答？该不会是不知道吧？
不……不知道……活字典怎么会有不知道的东西？
因为银河像银色的河，所以叫银河。
哎……宇坦让韩国的孩子们丢尽了脸。
银河像银色的河，所以才叫银河？

星系和宇宙

梅隆啊，宇坦的话对吗？
这是当然的！
我的鼻孔都被堵住了。
脸皮比铁皮还厚。
呵，呵呵……
宇坦啊，你知道星系有多少个吗？
考谁呢？当然是一个了，就是银河系。
宇宙就是银河系，银河系就是宇宙。宇宙和银河系是一回事的。
哎，我的超级计算机也因为宇坦的无知而受到惊吓，真是要嘭嘭地爆炸了。

你在宇宙学校到底学到了什么？
学习了宇宙是很浩瀚的。
作为天才少女的你，对星系这么不了解吗？
我是机械工程学博士，又不是天文学博士。
你想重新被遣返回地球吧。
哒
啊呀！
还有，人又不像计算机那么万能。
那倒是正经话。
现在开始说明有关星系的知识，听好了！

恒星有的群聚在一起形成星团。星团群聚在一起形成星系。

古代的中国第一次使用
“银河”这个词。
“银河”这个名字
是由我们中国人
创造的。
夜空中看起来像云彩的
东西有的是星系。
星系中也有独立存在的星系和成
双存在的星系。
还有多个聚集在一起的多重星系。
星系
双重星系
多重星系

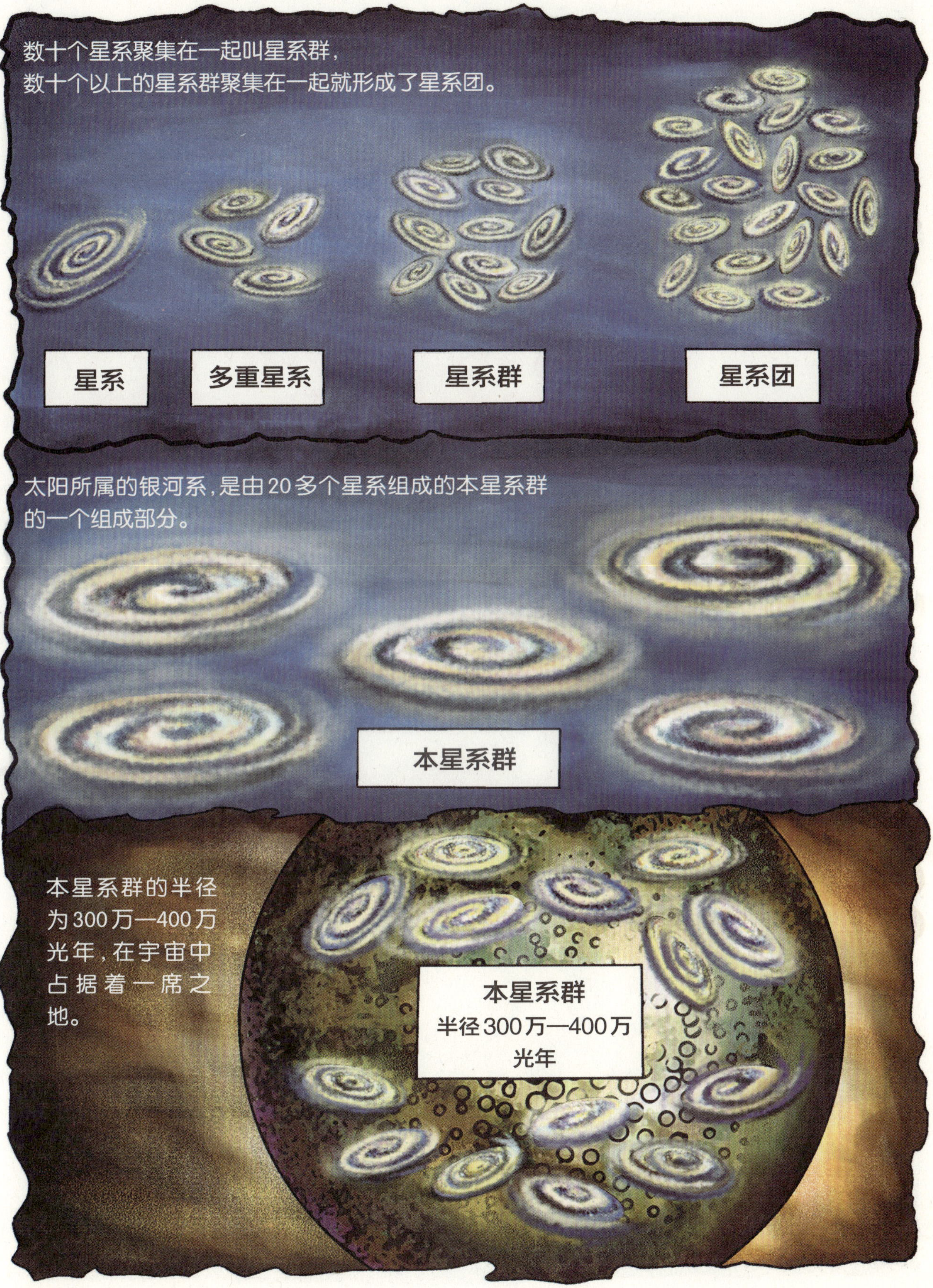
数十个星系聚集在一起叫星系群，
数十个以上的星系群聚集在一起就形成了星系团。
星系
多重星系
星系群
星系团
太阳所属的银河系，是由20多个星系组成的本星系群
的一个组成部分。
本星系群
本星系群的半径
为300万—400万
光年，在宇宙中
占据着一席之
地。
本星系群
半径300万—400万
光年

银河系的直径只有10万光年。银河系所在的本星系群的直径如果是800万光年……
星系团究竟有多大?
星系团有数十个星系群那么大,最小的直径也有数千万光年。
哇啊啊……数千万光年?根本无法想象。
观察到的星系的规模如图所示。
星系团
本星系群
银河系
太阳系
10万光年
半径300万—400万光年

怎么？被那种程度的规模吓到了吗？
那么，你的意思是，还存在比星系团更大的东西吗？
数十个星系团聚集在一起形成超星系团，它的直径最小也有数亿光年。
超星系团
星系团
星系团
星系团
数……亿……光……年？
光也要花费数亿年的时间？
为……
为什么盯着我看……
宣宇坦！你真帅。
我长得帅吧。
什么？仅仅像老鼠尾巴一样的银河系和宇宙是一回事的吗？
哼……
真是无语。

宇宙真是一个超出我们想象，让人望而生畏的地方。
相对于宇宙来说，地球的大小连豆粒也算不上，仅仅是一颗灰尘而已。
太阳系的直径约120亿千米。
120亿千米
距离太阳系周围约10亿光年的星星。
太阳系
10亿光年
太阳所在的银河系的直径大约是10万光年。
银河系
10万光年
银河系所属的本星系群的直径大约是800万光年。
本星系群
800万光年

星系团的直径是数千万光年。

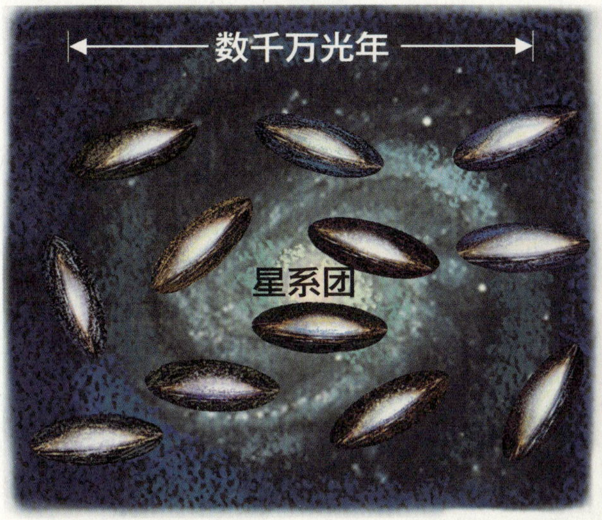

不用感到失望。在宇宙中人类即使比尘埃还渺小，也是非常特别的存在。
为什么这么说呢？
地球是太阳系中有生命体存在的独一无二的行星。在银河系中还没有发现其他有生命体存在的行星。
那不是因为地球的科学还不够发达吗？
难道在这浩瀚宇宙中，没有别的有生命体存在的行星了吗？
寻找宇宙中其他有生命体存在的星球，是以后我们的宇航员要解决的重大课题。

1974年，在波多黎各的阿雷西博天文台，天文学家们用射电望远镜向武仙座的M13球状星团发送了一份星际电报。
如果那个地方有和地球环境相同的星球和生命体存在，我们肯定能收到回复。
接收到地球人的电报了，我们也回电吧。
从发送电报至今已经快40年了，还没有回电，看来……
M13星团上没有生命体存在。
嘻嘻嘻……你们还没有从地球的常识中摆脱出来啊。
什么意思？

仅仅是地球信息发送到M13星团就要2.5万年的时间。
嗬……那么，收到回电不就要5万年吗？
把人类的寿命按100年计算也……
我们的第500代子孙能收到电报的回电吗？
不是石头脑袋，而是铁脑袋吗？
石头脑袋算得真好啊！
我不是石头脑袋！
铁脑袋是梅隆才对。梅隆是用铁制造的机器人。
啊，那是什么？太耀眼了！
白闪闪

星际物质和星云

是超新星爆发啊！这是百年难得一见的壮观风景啊。
梅隆啊！距离多远？
700光年。
啊……真壮观。瞧瞧你那入迷的样子。
那么，我们这算是看到了700年前的爆炸了啊。

博士，超新星是什么？
超新星是大质量恒星经历的一种剧烈爆炸。
但是，恒星为什么会爆炸呢？
哈……
这种问题问我就可以了。
又站出来了。
恒星也像人一样上了年纪就会死去。
哼，不可能。恒星怎么会老呢？
嘎嘎嘎……终于暴露出你的无知了。

那种钢铁脑袋是怎么取得博士学位的呢？
不要吵了，这次宇坦说对了。
恒星真的会老死吗？
呃呃呃
你说完了吗？
呃啊啊……
石头状的恒星怎么会老呢？
哦嗬……你可真的是对天文学一无所知啊！
明明就什么也不懂……呃啊……我的脸！
宇宙是由星星、气体和无数的尘埃构成的。

虽然我们的肉眼看不见，但宇宙每立方厘米中就存在一个氢原子。宇宙中分布着75%的氢，24%的氦，剩下的1%中分布着氧、二氧化碳、氮及钙、铁等金属元素。

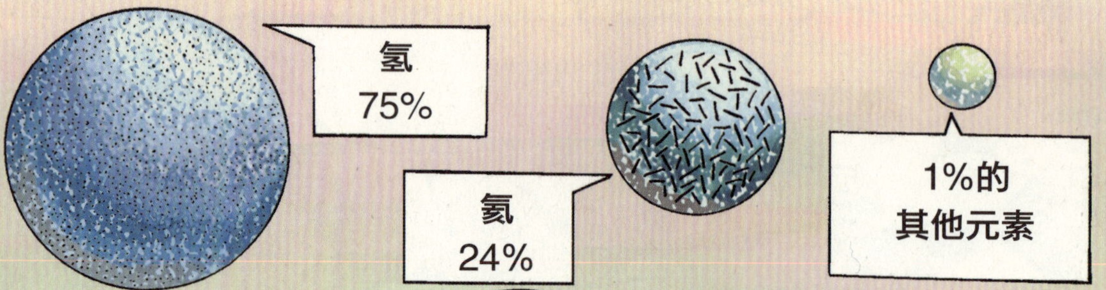

由许多气体和尘埃组成的云雾状天体叫做星云。

亮星云——猎户座星云

包括会发光的发射星云，

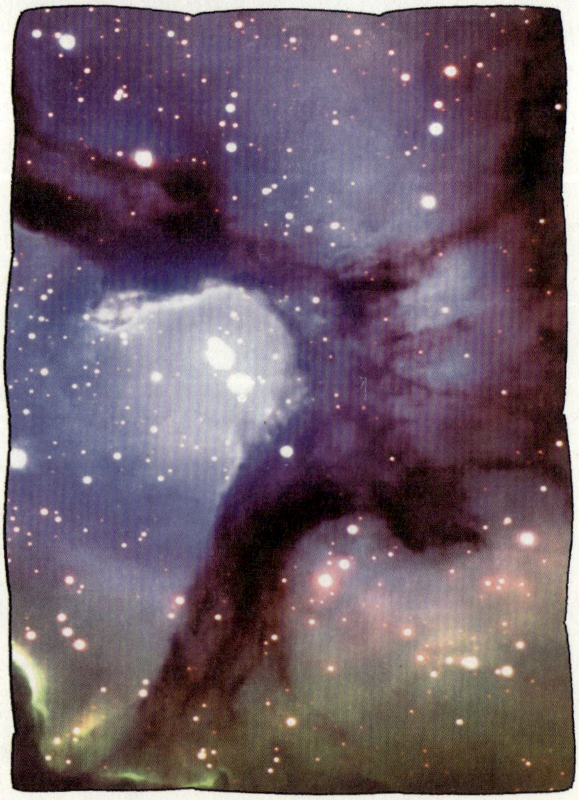

和依靠尘埃散射或反射而发光的
反射星云。

反射星云——鹰状星云

星云里也有因为附近没有亮星
而不能发光的暗星云。

暗星云虽然用肉眼基本看不到，但如果后面有亮星云存在，
就能够清楚地被观察到。

这是属于发射星云的玫瑰星云，其中的黑色斑点是新生的恒星。

夏季夜空中的银河是由无数的星星和暗星云混杂而成的。

恒星上了年纪，生命枯竭，成为新星或者超新星，爆炸时会产生由气体和尘埃组成的云雾状天体。
新星
太阳的3—4倍
超新星
太阳的5倍以上
其中，马头星云的气体可以延展10光年，令人望而生畏。
新星或者超新星为什么要爆炸呢？
那是因为不论新星还是超新星，都比太阳大得多……
虽然散发着耀眼的光芒，但为了发出光芒需要耗费许多能量。

自身拥有的能量被全部消耗完以后，
咳咳……现在再也没有可供消耗的能量了。

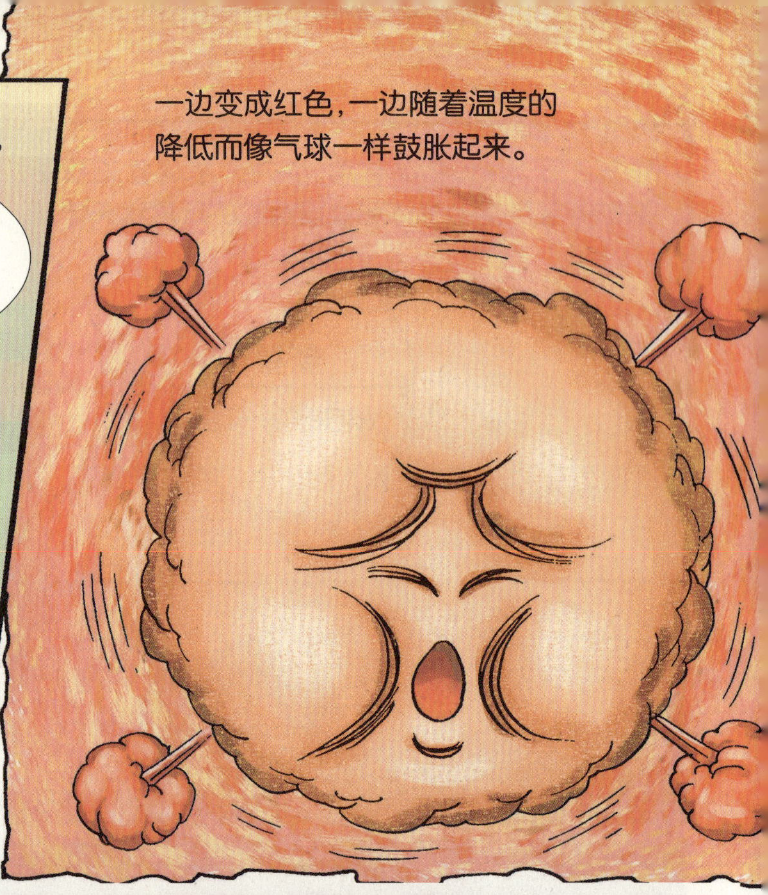
一边变成红色，一边随着温度的降低而像气球一样鼓胀起来。

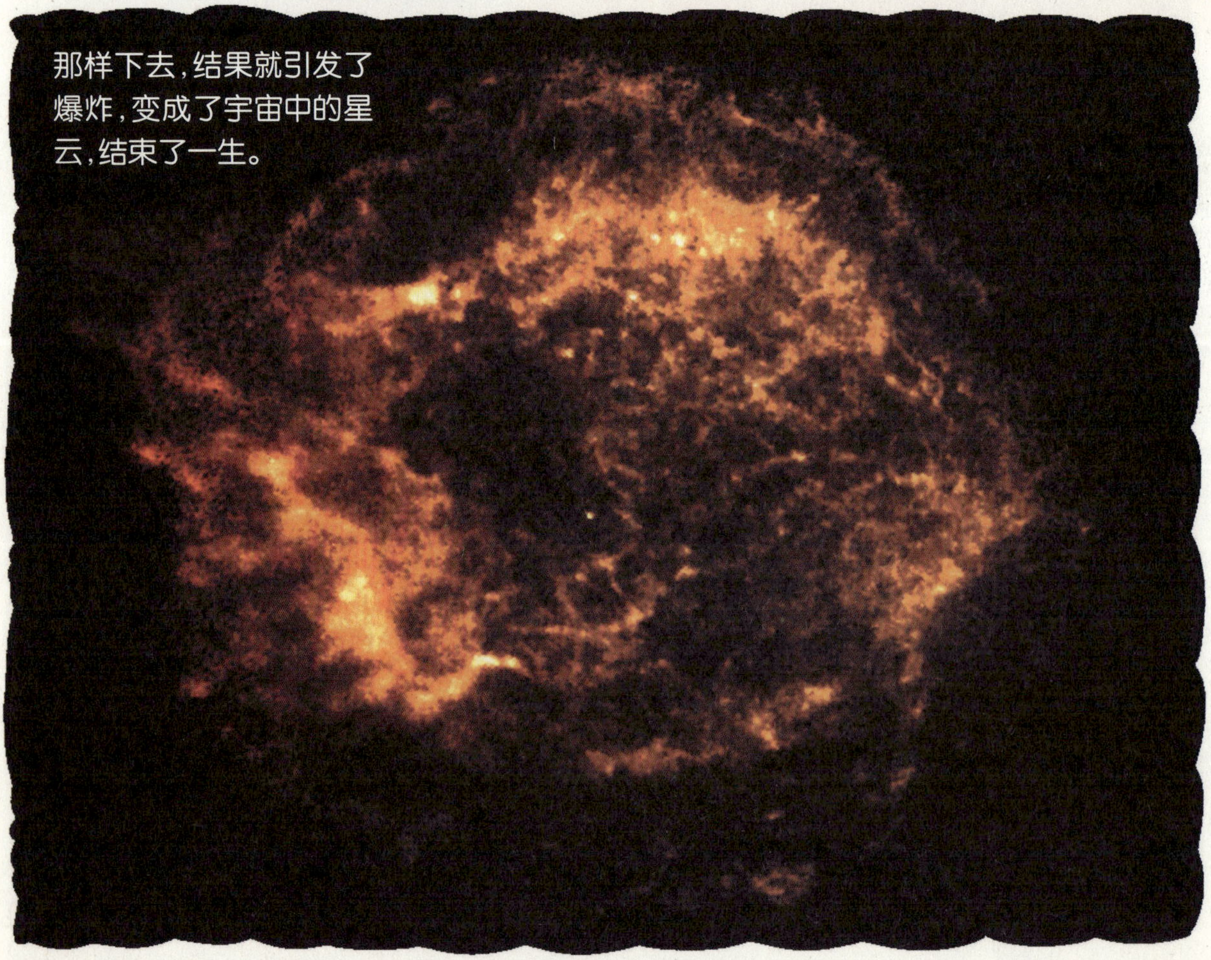
那样下去，结果就引发了爆炸，变成了宇宙中的星云，结束了一生。

星云在宇宙空间中旋绕，
数千万年或者数亿年之后，
再次作为新的恒星诞生。
随着时间的流逝，渐渐
成长起来的恒星慢慢
向超新星演变。
超新星
就这样，宇宙中的
恒星循环往复地
诞生和消亡。
那么，你是说不论太
阳还是地球，总有一
天都会死亡吗？

太阳的寿命约100亿年，到现在大约存在了50亿年。
所以在将来，也就是50亿年以后，太阳因为生命枯竭，也将膨胀成为红巨星……
地球、水星、金星，这些离太阳近的行星会被吞噬掉，
金星
水星
地球
火星
木星
土星
天王星
海王星
但太阳不会爆炸，而是逐渐地变暗、冷却，最终不再发光。
啊……
光想想都让人害怕。
要死就自己一个人死好了，为什么要让所有的行星都一起死呢？
那就是太阳系的命运。

银河系的演化

啊!
宇坦啊,吃饭的时间到了,该吃饭了吧。
为什么要对我说呢!
那该对谁说呢?
阿德拉,博士肚子饿了。
所以呢?
快去准备食物……
作为副船长的我,连那种事也要做吗?
副船长大还是轮机长大?
那……那样也……做饭,就是女人应该……

立正！
没听到我的
话吗？
在宇宙里，
我就是王。
呃呜……
太伤自尊了，
我不活了。
太好了！
我不需要吃饭，
所以没有做饭
的理由。
唉啊……
梅隆啊！
去别的地方问问。

吱
吱
吱
宇宙食物这么简便真好。
啧啧
梅隆啊，我有个问题很好奇。
什么？不论什么都可以问。
银河系是什么时候诞生的，又是怎么演变而来的呢？
刚开始时，应该不是现在这个样子吧！
那个嘛，不用说也是当然的。
阿德拉，那个问题由我来解释。
哼，不用了。
把银河系当作宇宙的人知道什么？
啊……自尊心支离破碎了。

据推断，银河系的年龄约为140亿年。

所有的恒星或者行星都具有引力。
银河系也有引力。在原始星云中生成的银河系最初是规模非常小的独立存在的小型星系。
朋友啊……
一起玩儿吧。
没有人在吗？
在这儿呢，
和我一起玩儿吧！
朋友啊，
快来吧！
嘻嘻
咔咔

这段时间，玩儿得很开心，现在我要走了。
想要去哪儿？你现在是我的俘虏。
啊！叛徒！
呼噜噜
咔咔……
现在要养养身体。
朋友啊……
一起玩吧。
没有人在吗？
好无聊啊……
和我一起玩吧。
哈哈哈，
又被迷惑了。

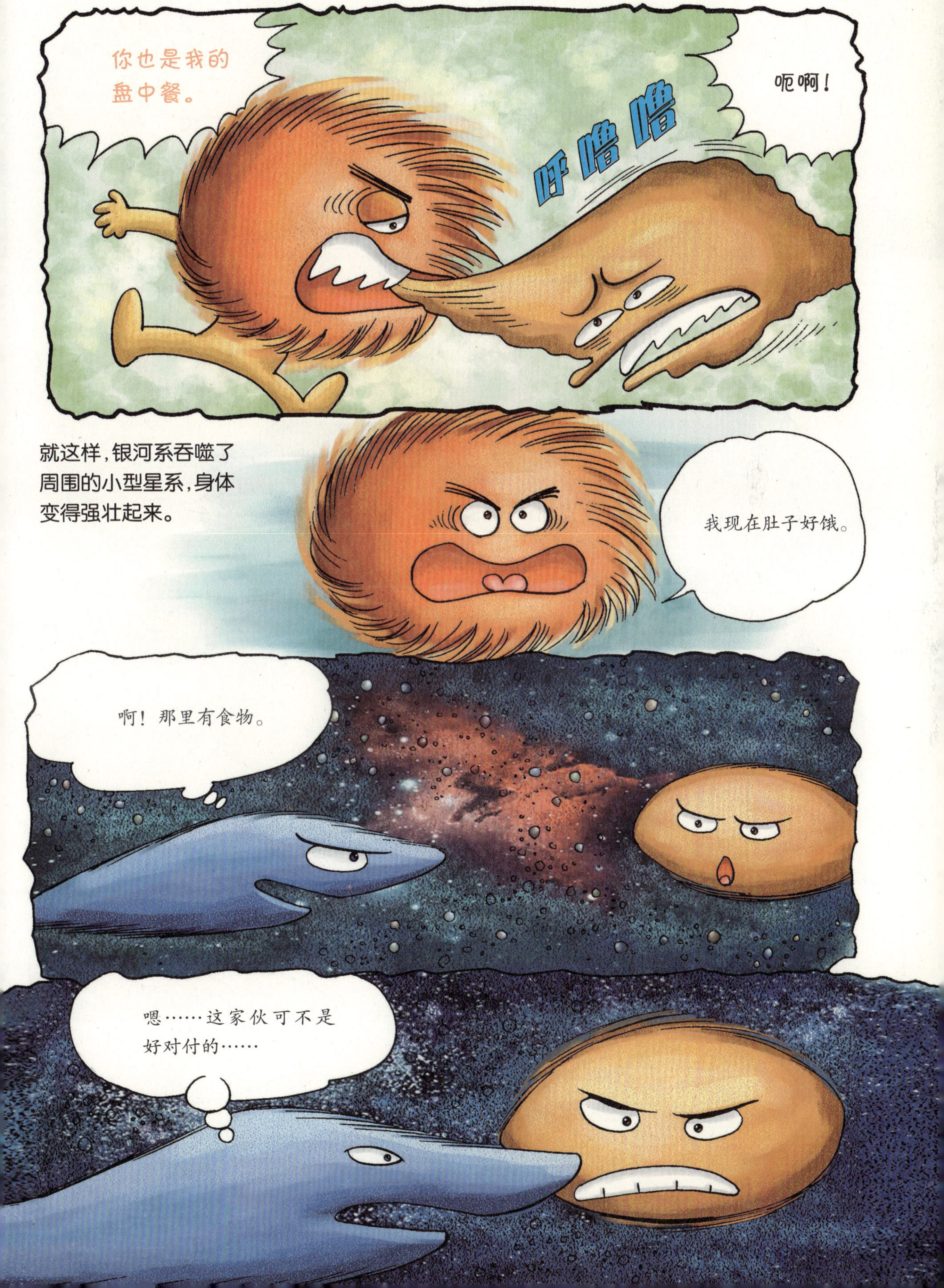
你也是我的
盘中餐。
呼噜噜
呃啊！
就这样，银河系吞噬了周围的小型星系，身体变得强壮起来。
我现在肚子好饿。
啊！那里有食物。
嗯……这家伙可不是
好对付的……

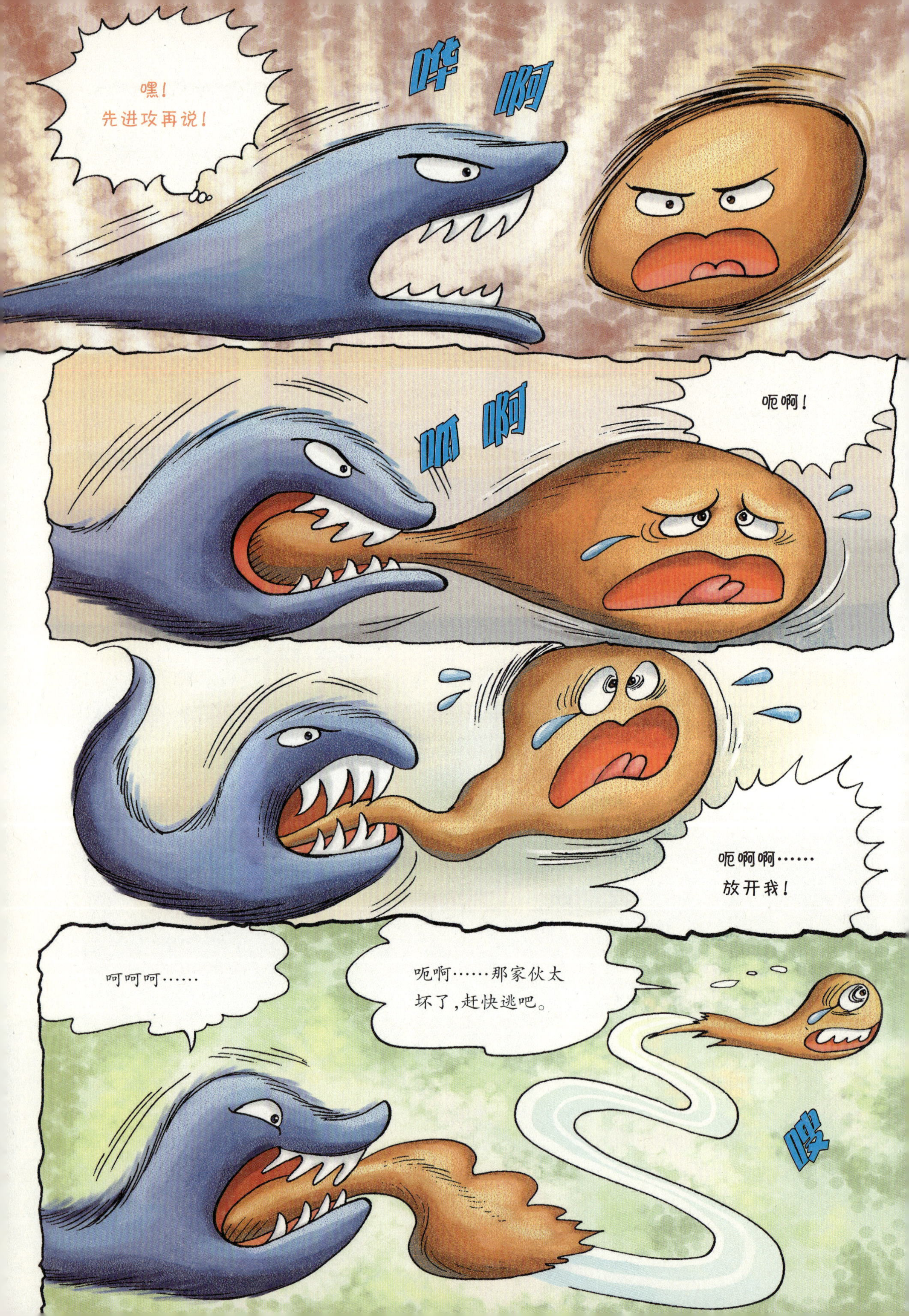
嘿！
先进攻再说！
哗啊
呐啊
呃啊！
呃啊啊……
放开我！
呵呵呵……
呃啊……那家伙太
坏了，赶快逃吧。
嗖

银河系就是在140亿年间时不时地吞噬周围的小型星系，同时也捕获大型星系的恒星才形成了今日的规模。
银河系
最近，在距离银河中心5万光年的地方，发现银河系的小型伴星系。
5万光年
这个小型星系现在正经历着受银河系的引力作用而解体的过程，预计在1亿年后将被银河系完全吞噬掉。
你现在已经变成了银河系的俘虏。
呜呜，我想自由地活着。

妈呀……宇宙也是一个非常可怕的地方啊。
原来只有力量大的星系才能存活下来啊。
那么，银河系的规模以后还会继续壮大吗？
那个谁也不知道。
如果银河系遇到引力更大的星系，也可能被那个星系吞噬。
啊呼……
那样可不行……
在宇宙中，也会出现星系和星系之间发生碰撞的情况。
什么？
星系之间发生碰撞？
妈呀！
那么宇宙可就要出大事儿了。

那是因为星系之间如果发生碰撞，其中更大的星系会吞噬掉其他所有的星系。道理和“海绵吸水”是一样的。

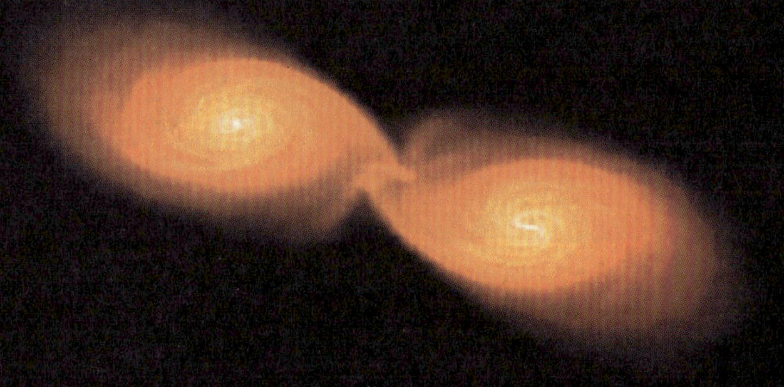

由于这个原理，星星之间的碰撞不会发生，但是会时不时地出现突变……
突变？
那是什么？
恒星或者星云向着星系的中心部位呈螺旋型地转动。
中心部位
在星系中也会时不时看到星星朝着相反方向转动的情况。
我是星系的反叛者。
中心部位
这种现象是星系在吞噬别的星系的过程中产生的。

现在，与银河系比邻而居的大麦哲伦云和小麦哲伦云正做着螺旋运动，以更快的速度向银河系方向靠近。如果这两个星系和银河系融合，银河系会变成什么样子呢？

大麦哲伦云和小麦哲伦云

许多科学家也对"银河系会变成什么样子"进行着研究。当然，究竟会怎样将是数亿年后的事了。

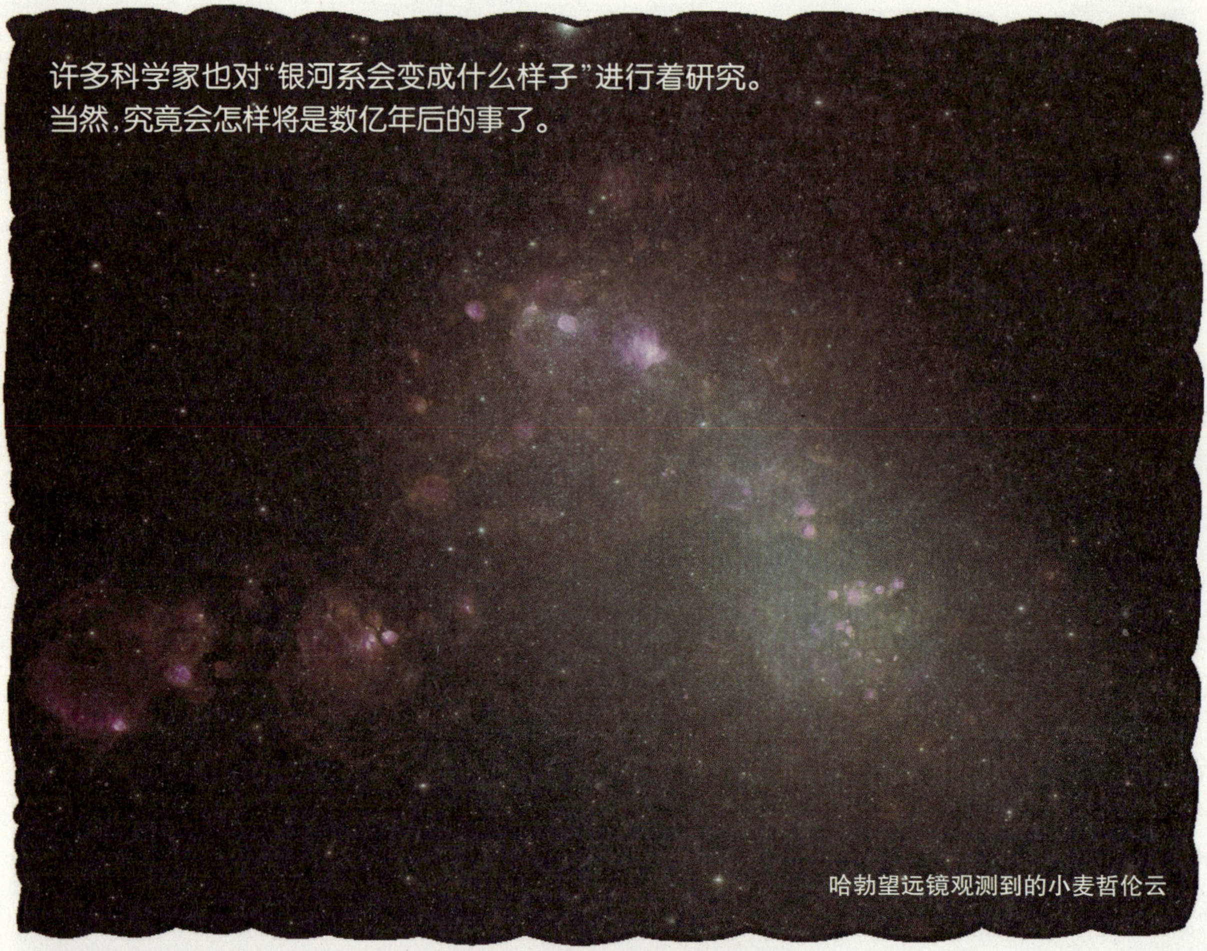

哈勃望远镜观测到的小麦哲伦云

用一句话来说，星云是孕育恒星的工厂。星星重复着从星云里诞生、成长、老去、死亡，然后留下星云这样的过程。

◀ 猎户座大星云 M42

这个星云蕴含着大量能孕育 1 万个如太阳般大小的恒星的气体。

星系的分类

天文学家们经过研究，将星系简单地分为四种。
银河系属于旋涡星系。
也就是说，星系分为旋涡星系、椭圆星系、棒旋星系和不规则星系四种。

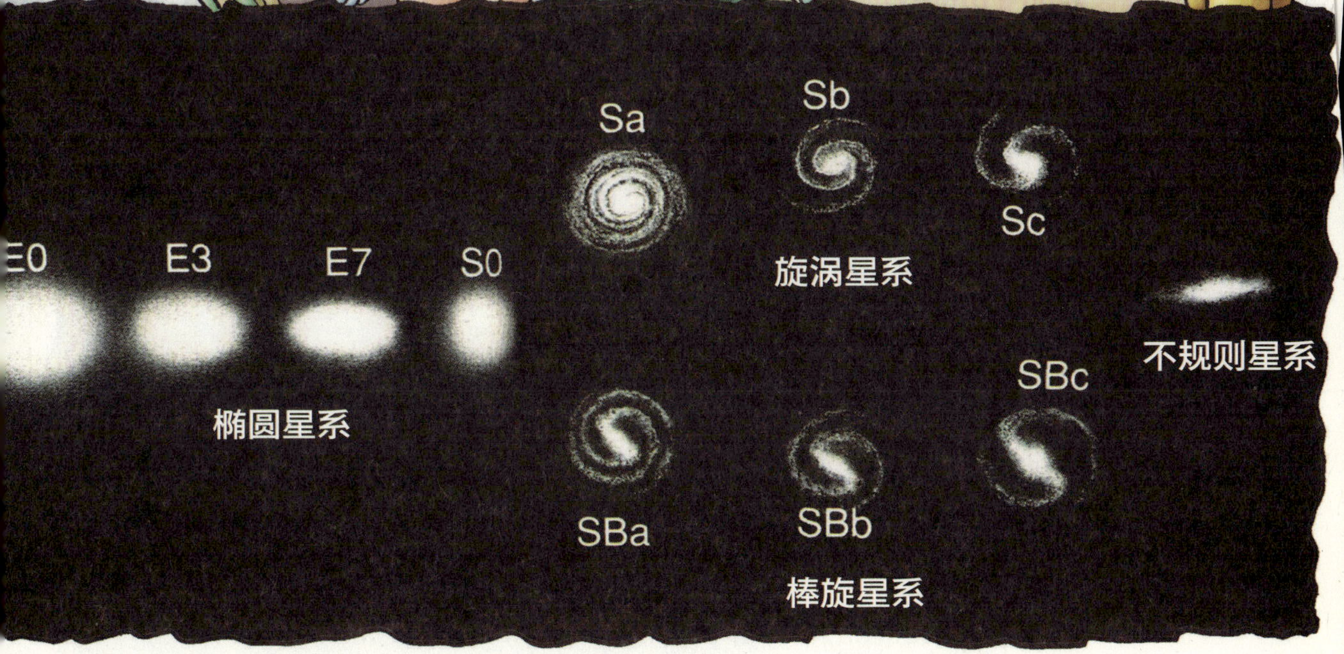
E0
E3
E7
S0
椭圆星系
Sa
Sb
Sc
旋涡星系
SBa
SBb
SBc
棒旋星系
不规则星系

◀ **椭圆星系**

位于室女座的M87

椭圆星系 ▶

位于仙女座距离地球290万光年的M110

▼ **旋涡星系**

位于三角座的M33

▲ **旋涡星系**

位于大熊座的NGC3031

▼ **棒旋星系**

位于波江座的NGC1300

▲ **棒旋星系**

位于长蛇座的NGC5236

不规则星系 ▶

位于大熊座的M82

博士，通过空间移动，能到河外星系去吗？
嗯？空间移动？
是……是啊……一定要去吗？
博士为什么那样？
就是啊……
干吗那样？
害怕出问题才那样的呀。
如果你们像上次一样变得很奇怪，那怎么办？
博士！你比看起来胆小啊。

阿德拉，
你不是飞行
员嘛！
啊……是啊。
所有人请在座位
上坐好，马上就
要出发了。
倒计时开始！三，二，一……
零！
咻咻咻
啪

到达距离地球250万
光年的仙女座星系。
空间移动
成功!
宇坦啊,没事吧?
嗯……没事。
梅隆你呢?
没有异常。
博士,您没事吧?

花园里的花，花团锦簇
没有办法了。
要用冲击疗法吗？
怎么能打博士呢？
猴子屁股
红红的
苹果如果红了
苹果很美味
博士，
我们握个手吧。
紧
紧

啪嗞嗞嗞
梅……梅隆，
你这是做什么？
见识到冲击疗法
的效果了。
呼……
不幸中的
万幸啊。
我来讲解仙女座
星系的相关知识。

仙女座星系和银河系一样属于
旋涡星系，但比银河系更明亮。

直到20世纪初，天文学家们都相信太阳作为
宇宙的天体，位于银河系的中心。
太阳

人们还把仙女座星系定
义为银河系的成员，距
离我们90万光年。

用2.54米望远镜测定出仙女座星系的距离的人是美国的埃德温·哈勃。
那是当时人类所能测定出的最远的距离。
仙女座星系和我们的距离即使是光也要花上90万年才能到达。
后来经过修正发现，仙女座星系距离我们约250万光年。
银河系
仙女座星系
250万光年
这是最初搞清楚的除了银河系外所存在的别的河外星系。

为了纪念哈勃的伟大功绩，美国宇航局于1990年发射的、装置在环地轨道上的一台望远镜被命名为哈勃空间望远镜。

19世纪，限于望远镜的性能，还很难区分银河系中的星团、星云和尘埃。

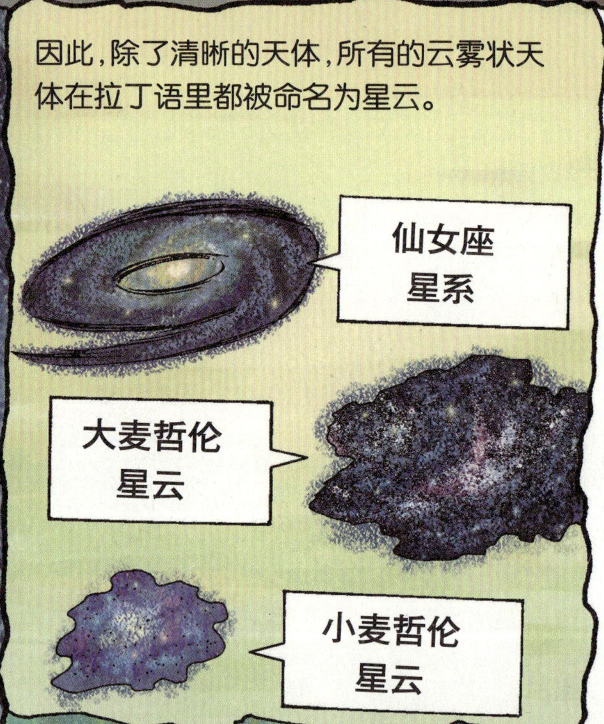
因此，除了清晰的天体，所有的云雾状天体在拉丁语里都被命名为星云。
仙女座星系
大麦哲伦星云
小麦哲伦星云

之后，随着性能更为优异的空间望远镜的出现，

无数的宇宙之谜开始被一个一个地解开。
天空比我生活着的井还小呢。
呱呱
呱呱
扑通
呼啦
呃啊！
咕咕
天空比想象中的还要大得可怕啊！

“银河系并不是宇宙的全部”的言论虽然让人惊诧，
随后还发现了让人更为吃惊的事实。
宇宙比10万光年的距离大得多。
最终还是无法计算啊。
如果用千米来计算，到底有多大呢？
仙女座星系的发现仅仅是一个开端。
银河系
250万光年
仙女座星系
M83星系是距离银河系千万光年处的星系。
M83星系

位于 2400 万光年处的 M104 草帽星系。

位于约 5500 万光年处的棒旋星系 NGC1365 是比仙女座星系更大的星系。

神秘的类星体

梅隆啊，仙女座星系属于银河系吗？
这孩子时不时地就冒出些这样的傻话。
阿德拉，聪明的你知道吗？
银河系的直径是多少？
约10万光年……
仙女座星系距离银河系约250万光年。
经过解释以后，你还会说这些鬼话吗？
请好好学习。

仙女座星系和银河系一样都从属于本星系群，知道了吗？
果然啊，天才少女博士就是不一样。
请你继续学习。
嘭
啊！
打两次是犯规！
啊呼……星系，多重星系，星系群，星系团，超星系团……学习吧！
天哪！往那里看，又有超新星在爆发了！
哇……太美丽了！
真是神秘的景象啊！

梅隆啊，靠近一点观察行吗？
再靠近的话，“闪电号”会被超新星释放的热量熔化的。
到不会被熔化的距离不就行了。
计算一下距离看看……
唰唰
哎哟喂，这距离要3亿光年才行啊。
3亿光年？
呜啊，可怕的距离。
嘀哔
嘀哔

妈……妈呀！
宇宙飞船的器材
怎么会这样。
怎么就那样任
意启动了。
啊！"闪电号"停下来了。
轻轻地
嘀哔
嘀哔嘀
梅隆啊，
你怎么了？
打起精神来！
博士！
出大事儿了！
梅隆出故障了！

啊！怎么会这样……
“闪电号”的所有机器都停止运转了。
梅隆啊！这孩子为什么又这样了？
梅隆，到底怎么回事？
我们也不清楚。
超新星爆发后，突然间……
超新星爆发？
啊……那不是超新星爆发而是神秘的类星体。

神秘的类星体？
名字好奇怪啊。
博士，类星体是什么？
存在于宇宙中的类似恒星的天体。
又叫爆发星系。
爆发星系？星系也会像超新星一样爆发吗？
类星体是在20世纪60年代初被发现的。
天文学家马丁·施密特博士发现宇宙存在着散发出明亮光芒的星系，并长时间地进行了观测。
在2亿光年外有新的星系存在。
新的星系为什么格外明亮？

最后，施密特博士发现星系持续爆炸就会散发出明亮的光芒。
因为爆炸，同时诞生出许多恒星。
新发现的星系就叫作类星体吧。
类星体的中心核作为宇宙初期星系的核心，在宇宙诞生后的大约20亿年间进行着最活跃的活动。
类星体以每秒500千米以上的高速远离地球。
刚刚经过的是什么？

如果是星系那可大得吓人啊。那个大星系以每秒500千米的速度奔跑着吗?
再大的星系对宇宙来说,也不过是一个小小的点。
更惊人的是,类星体具有强烈的电磁辐射。
类星体释放出比宇宙输送的电磁波强100倍以上的电磁波能量。
撒一下电磁波尿吧。
嘻嘻……真可笑,你撒的那也算尿吗?
咕噜噜
唰啊啊
因此,类星体和黑洞一起被称为未解的宇宙之谜。

如果能够解开类星体之谜，就能探明宇宙诞生的秘密。
博士，那个秘密由我们来解开。
利用空间移动去类星体吧。
根据现在已经测量出的距离来看，最近的类星体位于2亿光年处，最远的位于130亿光年处。
银河系
2亿光年
类星体
130亿光年
那是即使运用空间移动也不可能到达的距离。
啊……头好晕！宇宙太让人害怕了！
以光的速度也要花上130亿年的时间，简直无法想象。

好了好了……现在不是担心那个问题的时候。
妈呀！为什么突然这样说？
博士，哪里有什么不对吗？
因为类星体发射出的电磁波，“闪电号”的功能全部瘫痪，梅隆也出故障了。
现在我们成为宇宙的迷路儿童了。
啊？宇宙的迷路儿童？
那么，我们无法返回地球了吗？

我不管，
怎么办呐。
呜呜，
出大事了。
现在我们该怎么办才好？
呜呜呜……
你这个不怀好意的家伙！
呃！
就那样偷偷摸摸地抱上来……
啊哟……
啧啧，现在是打架的时候吗？

博士，我们现在该怎么办？
我们现在正站在是死还是活的十字路口上。
嘶
啊！哪里来的古董宇宙飞船？
数百年，数千年或者数万年都会在宇宙中居无定所地来回飘荡。
运气好的话，会被地球的宇宙探险船发现。

如果那样，我们的壮烈牺牲会传遍地球的。
壮烈牺牲？
博士，我们没有能够活下去的办法了吗？
连1%的机会也没有。
好，死亡前写封遗书留下来吧。
博士，救命啊！我不想死。
呜呜……妈妈！妈妈！

嘀哔嘀哔嘀哔
呀！你一个男子汉大丈夫丢脸地又哭又喊，是在捣乱吗？
啊？梅隆啊……
怎么会这样，没事了吗？
类星体不是以每秒500千米的速度在远离吗？
万幸的是我们位于类星体辐射面的边缘。
类星体
闪电号
从电磁波辐射面脱离出来了。
哦咻……得救了。

类星体真是个坏星系，要把它从宇宙里永远地赶出去才行。
呃嗯……作为宇宙飞行员的资质真让人怀疑啊。
梅隆啊！类星体以非常快的速度远离地球，到最后会不会从宇宙中消失呢？
绝对不会。
类星体的速度是每秒500千米，与每秒30万千米的光速相比，非常缓慢。
每秒500千米 ——→ 类星体
每秒30万千米 ——→ 光

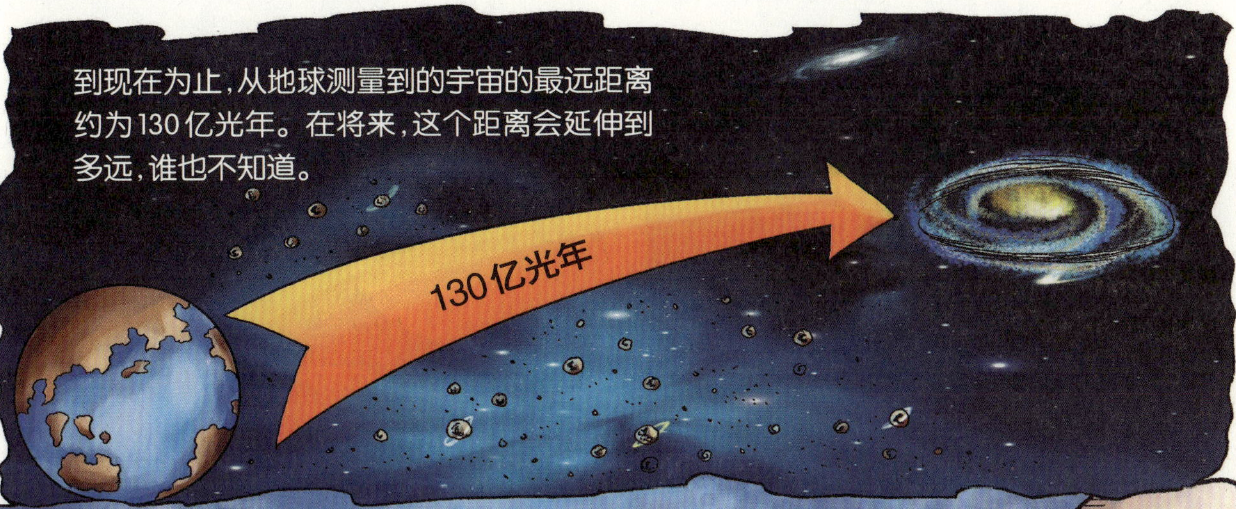
到现在为止，从地球测量到的宇宙的最远距离约为130亿光年。在将来，这个距离会延伸到多远，谁也不知道。
130亿光年

换句话说，离银河系最近的类星体就算再怎么逃离，对宇宙来说，也只是如来佛手掌里的孙悟空罢了。

如果宇宙是个像球一样的圆形空间，类星体就如同踩着转轮跑的松鼠。

宇宙本来就是未知的世界，不论发挥怎样的想象也无法窥探。
现在银河系的探险结束了吗？
我想赶紧返回地球。
虽然我们进行了银河系的探险，但也仅仅是很小的一部分。
这我也知道，银河系本来就是很浩瀚的。
那么，整理一下银河系的相关知识吧。
不赶快回地球，还整理个啥！
银河系、本星系群、星系团中的星系等称为正常星系。

类星体也属于星系范畴。

也存在着与类星体性质相似的
赛弗特星系。

类星体
非常明亮
赛弗特星系
较明亮
正常星系
亮

赛弗特星系从中心部位释放出大量的能量。

那种能量不是由星系中的恒星释放出来的，
而是从未知的其他地方释放出来的。
赛弗特星系NGC1232
不是恒星或者星云，其他地方是指什么地方呢？
所以，还是未解之谜嘛。
那是将来你们这些新苗子要去探明的事情……
啊啊，好想赶快回家。

宇坦真是完全
不值得信任。
干吗这么说？返回
地球后，我会认真
地学习的。
走着瞧！我一定会发现
新的星系，把它命名为
“宣宇坦星系”。

更上一层楼

银河系

凝望夜空，能看到一条从地平线一边延伸到另外一边的亮带，这就是银河。银河系是由恒星和大量的星团、星云等组成的天体系统，呈直径约10万光年、中心厚度约12 000光年的扁平圆盘状分布。

银河系的中心存在着一个星罗棋布的、散发着非常明亮光芒的星星的大团体，形成了从中心向外侧延伸的旋涡结构。构成银河系的主要天体之一是像太阳一样散发出光芒的恒星。据推测，银河系中有大约1200亿颗恒星，这些恒星将夜空装饰得华丽夺目，形成了星座的框架。

那么，我们是怎样观察到银河系结构的呢？因为我们处于银河系之中，只能看到银河系的内侧，就是那条呈带状的银河。我们看到的银河是银河系的侧面，也就是说，是从星星密集的方向看出去的样子。夜空中密密麻麻的星星与银河系中浩淼的星星相比，不过是极小的一部分。

银河系 ▶
银河系中的星星们以每秒217千米的速度，以银河系的中心部位为中心公转着。在圆盘中心存在着直径约为1万光年的中心核，它飞速地旋转着。

图书在版编目(CIP)数据

银河系/(韩)张吉秀,(韩)金英九著;余未译. —上海:
上海科技教育出版社,2013.8

(“探险奇兵”科学漫画丛书)

ISBN 978-7-5428-5750-7

Ⅰ.①银… Ⅱ.①张… ②金… ③余… Ⅲ.①银河系—青年读物 ②银河系—少年读物 Ⅳ.①P156-49

中国版本图书馆CIP数据核字(2013)第174044号

FOCUS: The Science Educational Comic Books
Galaxy
By
조경철 김정률 윤무부 장길수 김영구

责任编辑 吴昀
封面设计 符劼

"探险奇兵"科学漫画丛书
银河系

[韩]张吉秀 文 [韩]金英九 图
[韩]赵景澈 金正律 尹武富 审核
余未 译

上海世纪出版股份有限公司
上 海 科 技 教 育 出 版 社 出版发行
(上海市冠生园路393号 邮政编码200235)
网址:www.sste.com www.ewen.cc
各地新华书店经销
苏州工业园区美柯乐制版印务有限责任公司印制
ISBN 978-7-5428-5750-7/N·885
图字09-2013-181号

开本787×1092 1/16 印张6.5
2013年8月第1版 2013年8月第1次印刷
印数1-4 200 定价:26.00元